AF322016

PARALLÈLE

DES

STATIONS BALNÉAIRES

CHLORURÉES SODIQUES

SUPÉRIORITÉ DES EAUX DE SALINS-MOÛTIERS

PAR

Le Docteur L. BRANCHE

Médecin consultant à Brides et Salins-Moûtiers
Lauréat de la Faculté de Lyon
Deux fois lauréat de l'ancienne École de Médecine

F. DUCLOZ, LIBRAIRE-ÉDITEUR

MOUTIERS	BRIDES-LES-BAINS
Grande-Rue et rue Cardinal	*Avenue de la Source*

1886

PARALLÈLE

DES

STATIONS BALNÉAIRES
CHLORURÉES SODIQUES

La comparaison des propriétés des diverses eaux chlorurées sodiques simples deviendra plus facile en dressant un *tableau comparatif* contenant la minéralisation totale, la richesse en chlorure de sodium, la température, et les indications principales de chaque station.

Nous discuterons ensuite la valeur réelle des *stations allemandes* et des *stations françaises*. Enfin nous établirons que *les eaux de Salins-Moûtiers répondent à elles seules à la plupart des indications des eaux chlorurées, et que nulle autre source ne réunit le même ensemble d'avantages.*

Parmi les dix-sept sources chlorurées sodiques que renferme le tableau ci-contre, il y en a trois qui jouissent d'une notoriété très restreinte et dont l'appropriation est encore mal déterminée ; ce sont les eaux de Soden, de Montecatini et de Niederbronn.

Ces trois sources écartées, nous nous trouvons en présence de quatorze stations balnéaires dont les spécialisations nous amènent aux conclusions suivantes :

1° La dominante des eaux chlorurées sodiques est leur appropriation à la scrofule ;

2° Les eaux à minéralisation forte et à thermalité modérée paraissent occuper le premier rang dans le traitement de la scrofule et du lymphatisme ;

3° Les eaux à minéralisation moyenne ou faible, mais à grande thermalité, devront être préférées dans le traitement des affections rhumatismales et des paralysies, sans doute parce que l'action révulsive et stimulante du traitement thermal s'ajoute à l'action reconstituante du chlorure de sodium. A Salins-Moûtiers, la température naturelle de l'eau chlorurée étant au maximum de 37° 1/2, on chauffe cette eau quand le traitement l'exige, de façon à obtenir des températures analogues à celles de Wiesbaden, Bourbonne, La Motte, Niederbronn, Bourbon-l'Archambault, Bourbon-Lancy, etc. (1).

Comparaison des stations françaises et des stations allemandes

La France, pendant trop longtemps, a été tributaire de l'Allemagne. Nous ne pouvons donc terminer cet aperçu général sans insister sur ce fait que les eaux chlorurées sodiques les

---

(1) Malheureusement pour cette année ces eaux chaudes ne sont employées qu'en douches, mais l'administration ne saurait tarder à donner des bains plus chauds et des bains de vapeur.

Tableau des principales stations balnéaires chlorurées sodiques simples

	Minéralisation totale	Chlorure de sodium	Température	SPÉCIALISATION PRINCIPALE	APPLICATIONS NOUVELLES
os de Béarn	257.9	229.5	Froide	Scrofule.	
nmam-Melouane	30.	26.	20 à 40°	Rhumatisme articulaire chronique. Ostéites, suites de plaies d'armes à feu. Engorgements abdominaux.	
ins-Jura	27.8	22.7	12°	Scrofule.	
ntecatini	22.5	18.	21 à 29°	Maladies du foie. Engorgements, calculs biliaires.	
aheim	17.4	14.2	21 à 39°	Scrofule Lymphatisme	Cachexie consécutive à la syphilis et aux excès vénériens.
ins-Moutiers	15.1	11.3	34 1/2 à 37 1/2	Scrofule et lymphatisme Maladies de la peau liées à l'arthritisme ou à la scrofulose. Anémies et atonies de la chlorose Rhumatisme chr. Goutte en dehors des accès. Paralysies.	Gravelle (*Bouchard*). Obésité (*Cure mixte de Brides et Salins*). Diabète. Certaines diarrhées. Lientérie des enfants. Diverses affections utérines (*avec Brides*).
on	14.8	11.	15 à 31°	Affections catarrhales des bronches. — tuberculeuses de l'appareil pulmonaire.	
nbourg	13.98	9.8	10 à 11°	Affections catarrhales de l'appareil digestif. Pléthore abdominale.	Lymphatisme et anémie.
uznach	12.18	9.4	10 à 30°	Scrofule.	Scrofule.
truc	10.26	7.	48°	Paralysies cérébrales	Engorgements ganglionnaires et articulaires.
sbaden	8.20	6.0	67° 5	Goutte chronique. Rhumatisme	Légèrement purgatives.
singen	8.59	5.8	11° à 17°	Scrofule Lymphatisme	Dyspepsies.
rbonne	7.63	5.8	50 à 58° 75	Paralysies. Rhumatisme articulaire Arthrites, suites de blessures d'armes à feu.	Scrofule.
Motte-les-Bains	7.44	3.8	58 à 60°	Rhumatisme articulaire, hémiplégies. Scrofules avec engorgements ganglionnaires.	Engorgements utérins. — ovariques.
derbronn	4.62	3.08	46 à 56°	Dyspepsie muqueuse	Scrofule, lymphatisme
rbon-l'Archambault	4.35	2.24	52°	Paralysies Rhumatisme articulaire	Scrofule.
rbon-Lancy	1.80	1.29	46 à 56°	Rhumatismes nerveux. Névralgies rhumatismales.	
des-les-Bains (1)	5.90	1.36	35°	Maladies du tube digestif : Dyspepsies, constipation, etc. Maladies du foie : lithiase biliaire, hépatite des pays chauds, gêne de la circulation de la veine porte. Diverses affections utérines (*Cure mixte de Brides et Salins*)	Obésité. Traitement de la tuberculose et de l'anémie par l'air de Brides et de ses environs.

(1) Il est un certain nombre d'eaux chlorurées sodiques que nous n'étudions soit parce que les unes sont trop pauvres en chlorure de sodium, soit que les autres renferment, à côté du sel marin, un ou plusieurs éléments dont l'action est prédominante. C'est ainsi que, dans notre description, les eaux d'Uriage, d'Aix-la-Chapelle et de Bourboule n'ont pas trouvé place ; bien qu'il y ait à Uriage 7 grammes de Na Cl, à Aix-la-Chapelle, 2 gr. 6, et à Bourboule, 3 gr. : car les deux premières sont généralement classées parmi les eaux sulfureuses et la dernière parmi les eaux arsenicales. Quant aux eaux de Brides, qui renferment la même dose de chlorure de sodium que celles de Bourbon-Lancy, bien qu'elles soient sulfatées, nous ne pouvons les séparer de celles de Salins-Moutiers, car presque tous les baigneurs emploient simultanément ces deux eaux.

plus réputées d'Outre-Rhin ont au moins leur équivalent chez nous.

« Je me suis attaché, dit Durand-Fardel à vulgariser l'appropriation de nos propres eaux minérales au traitement de la scrofule, et à montrer que, loin d'avoir besoin de recourir à l'étranger, la France possédait à ce sujet des richesses plutôt supérieures à celles de l'étranger et qu'avec nos eaux salines de Salins-Jura, de Salies de Béarn et de Moûtiers (Savoie), avec les eaux thermales de Balaruc, Bourbonne, Bourbon-l'Archambault, La Motte, avec celles de la Bourboule et de Saint-Nectaire, on n'avait nul besoin de recourir à Creuznach, Nauheim, Wiesbaden, Hombourg ou Soden » (1).

Wiesbaden sera avantageusement remplacé par Balaruc, qui mettra à la disposition du malade les eaux-mères des salines de la Méditerranée. Les eaux de Balaruc, comme celles de Wiesbaden sont laxatives même à doses modérées. — Bourbonne présente la même minéralisation que Kissingen, leur appropriation à la scrofule est déjà un fait acquis ; nul doute que ces eaux ne rendent les mêmes services dans les dyspepsies.

En ce qui concerne les trois sources de Nauheim, Hombourg et Creuznach, il nous suffira de les comparer à celle de Salins-Moûtiers pour constater que la thérapeutique trouvera réunis dans cette seule station tous les avantages que peuvent lui offrir les trois sources étrangères dont il est question :

	Minéralisation totale	Chlorure de sodium	Température
Nauheim	17.4	14.2	21 à 39°
Hombourg	13.98	9.8	10 à 11°
Creuznach	12.18	9.4	10 à 30°
Salins-Moûtiers .	15.1	11.3	34 $^1/_2$ à 37 $^1/_2$

---

(1) Durand-Fardel, *Traité des eaux minérales*, p. 391.

Supériorité des eaux de Salins-Moûtiers

Rotureau (in ditct. Dechambre) classe les eaux de Salins-Moûtiers de la façon suivante : « *Eaux chlorurées sodiques fortes; hyperthermales et carboniques fortes.* » Elles sont en outre ferrugineuses et arsénicales. De plus elles seraient lithinées et iodées.

Leur température est actuellement 37° 1/2 à la petite source, et de 34° 1/2 à la grande source. (1) — Elles contiennent 11 gr. 317 de chlorure de sodium (Académie). — La proportion de gaz acide carbonique serait d'environ 72 centigrammes par litre. (Lachat in dict. Dechambre donne 75 centigrammes ; Berthier in dict. Durand-Fardel indique 68 centigrammes.) (2) — D'après Lachat in dict. Dechambre, il y aurait dans un litre d'eau de Salins, 12 centigrammes de carbonate de fer et 10 centigrammes de chlorure de fer ; Berthier in dict. Durand-Fardel indique 15 centigrammes de carbonate de fer. — La présence de l'arsenic a été notée dans l'analyse de M. Bouis. Voici, du reste, ce que nous trouvons, in dict. Durand

---

(1) Les eaux de Salins ont à peu près la température du corps à l'état normal. Rotureau, in dict. Dechambre donne 36° ; Durand-Fardel, in dict. des Eaux minérales indique 38°. Cette différence peut provenir soit des thermomètres, soit des époques où la température a été prise, soit enfin de la source où l'on a opéré, car nous avons trouvé une différence de *trois degrés* entre la grande et la petite source.

Une différence de température aussi notable s'accompagne très probablement d'une différence de composition chimique. Aussi prions-nous l'Administration de faire faire au laboratoire de l'Academie deux analyses bien distinctes : l'une de la petite source, l'autre de la grande source. Nous désirons aussi que les eaux ne soient pas mêlées dans les baignoires et piscines, qu'il y ait des bains de la petite source et des bains de la grande. — Nous réclamons enfin une analyse de la source dite Marquetti qui, outre le chlorure de sodium, contient probablement des sulfates. Il y aurait alors lieu de faire le captage de ces eaux et de les utiliser.

(2) La présence du gaz acide carbonique permet l'usage interne des eaux, chose rare et très importante. — Toutefois, il est regrettable qu'une grande partie de cet acide carbonique se perde à l'air libre au niveau de la source, il faudrait que les eaux soient emprisonnées dès la source dans des conduits parfaitement fermés. De plus, il y aurait avantage à isoler une partie de ce gaz, (par exemple, celui qui se perd pendant la nuit) pour l'employer dans certains cas spéciaux,

Fardel : « M. Reverdy a signalé dans ces eaux une petite quantité de sels de potasse ; elles contiendraient un iodure, d'après M. Calloud, qui y a constaté également la présence de l'arsenic. » M. Gobley, dans un rapport, s'exprime de la façon suivante : « Les dépôts ocreux, formés dans les bassins d'émergence des eaux, sont abondants ; ils renferment des proportions considérables d'arsenic, car il suffit de 1 ou 2 grammes de ce dépôt, convenablement traité, pour obtenir par l'appareil des taches recouvrant plusieurs assiettes. » — « M. Calloud, dit Rotureau, in dict. Dechambre, a trouvé dans ces derniers temps que 1 gramme du dépôt ferrugineux humide des eaux de Salins, renferme 12 milligrammes 1/2 d'acide arsénique. » (1) — En 1840, M. Calloud a décelé la présence de l'iode. M. Bouis en signale des traces et M. Lachat des traces d'iodure de potassium. Dans un rapport à l'Académie, M. Gobley s'exprimait ainsi : « Les eaux-mères de Salins-Moûtiers renferment de l'iode en proportion assez forte pour que la présence de ce corps soit constatée directement. (2) » — En outre, d'après Rotureau, in dict. Dechambre « M. Langrognet, professeur à l'académie de Chambéry, y a découvert de la lithine à l état de chlorure de lithium ; il en évalue la quantité à 15 milligrammes par litre d'eau ; il a pu la doser à l'aide de la balance et non avec le spectroscope, comme on est obligé de le faire pour presque toutes les eaux minérales contenant de la lithine, » (3ᵐᵉ série, VI, page 339) — Nous n'oublierons pas de

---

(1) Ces dépôts ferrugineux et arsénicaux peuvent être pris à l'intérieur sous forme de dragées, pâtes ou pastilles. Les boues sont en outre employées en applications locales ou ajoutées à l'eau des baignoires (bains arsenicaux.)

(2) L'administration tient à la disposition des malades des eaux-mères de Salins, dont on avait été privé durant plusieurs années. Nous sommes désireux d'en posséder une analyse.

mentionner qu'à Salins, le débit des eaux est très considérable, 6,000 mètres cubes par 24 heures, d'après M. Pelletan, ce qui permet de donner les bains à *eau courante*. La possibilité de combiner le traitement thermal avec le traitement hydrothérapique, (1) le climat alpestre de la région, la facilité des excursions dans les montagnes, le voisinage de Brides, que l'on a surnommé le Carlsbad français (2) et dont le séjour est si agréable, sont encore pour Salins-Moûtiers des ressources vraiment précieuses. Dans quelle ville d'eau chlorurée sodique peut-on rencontrer un pareil ensemble de bonnes conditions.

Nous venons de comparer les eaux de Salins-Moûtiers aux eaux allemandes. (2)

Parmi les eaux minérales de France, les trois plus riches sont : Salies-de-Béarn, Salins-Jura et Salins-Moûtiers, or les eaux de Salies et de Salins-Jura sont froides et non gazeuses, tandis que celles de Salins-Moûtiers sont carboniques fortes et hyperthermales.

---

(1) Il y a à Salins un torrent ou Doron dont l'eau est froide, mais dont la température varie un peu avec les saisons et avec l'heure de la journée. Il y a en outre, une source froide abondante dont la température invariable est de 11° c.

On a tort de ne pas utiliser actuellement l'eau du Doron, car pendant la matinée, la température de cette eau, même pendant le mois de juillet et août est plus fraîche que celle de la source.

Nous devons dire que l'administration des eaux nous fait espérer la construction d'un établissement hydrothérapique modèle, dans lequel on bénéficiera de toutes les decouvertes et inventions recentes, sans oublier les *bains médicamenteux* (marc de raisin, petit-lait, bains aromatiques) ; les *bains gazeux* et *de vapeurs* (fumigations aromatiques, bains térebenthinés, résineux, iodés, bains d'acide carbonique, etc.) ; les *bains électriques*, les *massages* et les frictions, les douches de toutes sortes, les appareils de pulvérsation, etc.

Nous souhaitons que cet établissement soit situé dans la plaine qui s'étend entre Salins et Moûtiers, mais aussi près que possible de Salins ; qu'on y fasse de vastes piscines soit pour l'eau froide, soit pour l'eau thermale de la grande source, qu'on laisse perdre actuellement. — Il est important toutefois de conserver un établissement balnéaire *sur place* pour utiliser notamment les eaux plus chaudes de la petite source.

Enfin, nous ajouterons que les malades ont dans le pays la ressource de pouvoir faire des cures de raisin, de lait et de petit-lait.

(2) Nous espérons que bientôt les baigneurs auront à leur disposition non seulement des sels de Brides, mais encore des sels de Salins.

Il est vrai que les eaux de Salins-Moûtiers renferment moins de chlorure de sodium que celles de Salins-Jura et de Salies, mais ces dernières en ont trop, beaucoup trop, il est impossible de les supporter pures, on est obligé de les étendre, et on arrive alors au même résultat que si elles étaient moins chlorurées, avec cet inconvénient que l'on n'a plus à sa disposition une eau minérale complétement naturelle, aussi nous demandons-nous avec Durand-Fardel quels avantages on peut tirer de cette minéralisation excessive. — Quant à Salins-Jura, pourquoi neutraliser l'action excitante du sel marin par l'action calmante du bromure de potassium, alors que les auteurs admettent qu'un bain chloruro-sodique ne diffère d'un bain d'eau douce que par l'excitation qu'il produit sur le système nerveux périphérique. — Les eaux de Salins-Moûtiers sont suffisamment excitantes, et même les personnes nerveuses et irritables leur ont fait le reproche de l'être trop. Il ne serait donc pas à souhaiter qu'elles renferment plus de chlorure de sodium ou de gaz carbonique.— Il est à noter que les eaux françaises thermales sont assez pauvres en chlorure; ainsi Bourbonne a 5 grammes 8, Lamotte, 3 grammes 8, Bourbon-l'Archambault, 2 grammes, et Bourbon-Lancy, 1 gramme seulement; il n'y a que Salins-Moûtiers qui fasse exception avec ses 11 grammes 317. Cette source est donc vraiment remarquable par sa richesse et par l'ensemble de ses éléments.

Les eaux de Salins-Moûtiers ont sur les eaux de mer l'avantage d'être thermales et gazeuses. Quant à l'action de l'air marin, elle se trouve largement compensée durant la belle saison par la bonne influence de l'air des montagnes. C'est pourquoi pendant l'été bon nombre d'auteurs et de praticiens préfèrent l'air des montagnes à l'air marin. Du reste, la plupart des effets physiologiques produits par une altitude élevée se rapprochent beaucoup de ceux que détermine le séjour sur le littoral, avec cette différence que l'air des montagnes ne surexcite pas le système nerveux central, comme le fait trop souvent l'air marin (1).

Mais au lieu de défendre nous-même la cause de Salins-Moûtiers, laissons la parole aux hommes qui font autorité dans la science médicale :

Dans son *Cours sur les eaux minérales de France*, Gubler s'exprime en ces termes :

---

(1) Ce qu'il faut créer dans les environs de Salins-Brides, ce sont des stations estivales, des *sanatoria* étagés à des distances de 100 ou 200 mètres où l'on pourrait, en variant l'altitude suivant les chaleurs, doser en quelque sorte la température, supprimer les inconvénients de l'été et profiter de tous les bienfaits de l'*air pur et sans bacilles des montagnes*, de ceux des *émanations balsamiques*, *des promenades et des excursions*, et où il serait possible d'ailleurs d'utiliser concurremment soit les eaux froides de nos torrents et de nos sources, soit nos eaux minérales dont l'efficacité est si incontestable.

Salins-Moûtiers (à peu près 5oo m.) serait par exemple la station la plus inférieure. — Au nombre des environs rapprochés de Moûtiers où l'on ferait très avantageusement des cures d'air nous citerons : la campagne des sœurs de Saint-Joseph, celle des Cordeliers (y compris l'ancien ermitage de l'abbé Martinet,) celle de M. Richard, au Mont-Gargan, le hameau de Plain-Villard etc. — Dans les environs de Salins, il faut citer l'emplacement du castel de Melphe, l'ancienne villa de M. Carquet, la villa de M. Collin, les alentours du village de Villarlurin, etc.

Brides, (près de 6oo m.) viendrait au-dessus. Au point de vue des cures d'air nous avons signalé, dans la *Gazette* du 8 août, les bois charmants qui entourent Brides : Bois de Cythère, bois Champion et surtout le bois du du Chenay, rempli de pins sylvestres, dont les émanations résineuses sont fort utiles aux malades. Nous avons mentionné les propriétés de MM. Mayet, Greyfié, du Bellair, Richard. Il existe en outre des emplacements dans des vignobles situés sur la rive droite du Doron de Bozel, et dans les prés situés au-dessus de la route qui conduit à ce chef-lieu de canton.

Au nombre des environs plus éloignés de Salins-Brides, nous mentionnerons : Vignotan (657 m.), La Perrière (762 m.), Bozel (872 m.) Saint-Bon (1096 m.), Pralognan (1424 m.) ! Nous devons ajouter encore la Saulce (758 m.), Montagny (1o55 m.) et Saint-Clair de Champagny (1452 m.)

Enfin nous mentionnerons le village des Allues qui possède des eaux dont les dépôts ferrugineux sont fort précieux.

Pendant l'été, les heureux de ce monde pourront facilement quitter les grands centres de population et venir dans nos montagnes. De plus, pour faire beneficier les classes pauvres des avantages de l'air des montagnes, l'administration des hospices de Lyon devrait faire construire dans les stations que nous venons d'énumérer, de petits hôpitaux à des altitudes diverses. Dans notre thèse inaugurale sur le chlorure de sodium et les eaux chlorurées sodiques (p. 20) nous avons déjà réclamé la création de ces hôpitaux près de Salins-Moutiers, de même que nous avons réclamé, pour l'hiver surtout, des hôpitaux maritimes sur le littoral méditerranéen.

Si l'administration des hôpitaux de Lyon refuse, il y aura lieu de faire un appel à la charité publique, et de fonder pour ces hôpitaux alpestres, un comité comme il s'en est fondé un pour les chemins de Brides et Salins,

« Ces eaux ont été indignement oubliées jus-
« qu'à ce jour par un de ces torts que l'éloigne-
« ment de la contrée qui les recèle peut seul
« expliquer. Ce sont les plus riches eaux chlo-
« rurées sodiques qui existent. Ni l'Espagne,
« ni l'Italie, ni même l'Allemagne qui se glo-
« rifie de Creuznach, de Hombourg, de Nau-
« heim, de Kissingen, ne peuvent en fournir
« d'aussi précieuses ; toutes leur sont inférieu-
« res. Température élevée, minéralisation con-
« centrée, gaz en dissolution, quantité déversée
« chaque jour, tels sont les caractères supérieurs
« qui leur valent le premier rang parmi les eaux
« chlorurées sodiques et leur assurent un glo-
« rieux avenir. Injustes jusqu'ici par l'oubli
« que nous en avons fait, sachons aujourd'hui
« réparer notre tort et reconnaître tout le
« prix qu'elles ont le droit de nous récla-
« mer (1).

« La densité de la solution saline, dit ailleurs
« Gubler, n'est pas la seule condition d'activité
« d'une eau pélagienne ; la thermalité a aussi
« son importance. Or, Salins-Moûtiers possède
« cette qualité en même temps qu'une minéra-
« lisation supérieure à celle de Kreuznach, dont
« l'eau froide ou à peine dégourdie et médio-
« crement chargée ne mérite à aucun point de
« vue la vogue dont elle jouit encore, même
« parmi nous (*Du traitement hydriatrique des
« maladies chroniques*, par Gubler, 1874, p. 14).

« L'eau de Salins-Moûtiers, dit encore Gu-
« bler, est préférable pour l'usage *interne,* sem-
« blable en cela à la source de Nauheim, tandis
« qu'il serait impossible de prendre à la fois
« plus d'une ou deux cuillerées d'eau de Béarn,
« ou d'un demi-verre d'eau de Salins-Jura » (2).

---

(1) Ce texte est cité dans les brochures de MM. les docteurs Laissus, Desprez et Delastre.

(2) *Traitement hydriatrique des maladies chroniques.*

D'après Rotureau, Salins-Moûtiers peut remplacer avantageusement Creuznach, Nauheim, Hombourg et Kissingen (Rotureau, *Examen comparatif des principales eaux de l'Allemagne et de la France*, page 51).

Voici un extrait d'un rapport au conseil d'hygiène et de salubrité publique, par le docteur Mélier, ancien inspecteur général des eaux minérales : « Analogues, dit-il, aux eaux de Bour-
« bonne, de Bourbon-l'Archambault, de Bala-
« ruc, les eaux de Salins-Moûtiers contiennent
« deux fois et quatre fois les principes salins
« des premières. C'est une mer chaude dans les
« Alpes. Nulle part la thérapeutique ne rencon-
« tre de ressources pareilles. »

Le Bret, dans son Manuel médical des eaux minérales, reconnaît que les eaux de Salins-Moûtiers mériteraient d'être mieux connues et plus usitées, eu égard à leur efficacité expérimentée dans les affections scrofuleuses en général.

Enfin, nous citerons quelques extraits des rapports de l'Académie : « On ne saurait trop
« appeler l'attention des praticiens sur l'impor-
« tance de cette station savoisienne, devenue
« française depuis l'annexion, et dont M. le
« professeur Gubler a pu dire, sans crainte
« d'être contredit, qu'elle l'emporte de beau-
« coup pour la minéralisation et la thermalité
« de ses abondantes sources sur tout ce que
« l'étranger et notamment les plus fameux bains
« d'Allemagne revendiquent en fait de médica-
« tion saline. 11 gr. 317 de chlorure de sodium,
« d'après l'analyse de M. Bouis, et une therma-
« lité de plus de 35° centigr. au robinet des
« baignoires, constituent, en effet, un point de
« départ de propriétés médicales des moins
« contestables, et en y ajoutant les bienfaits
« d'une altitude alpestre, il est certain que le
« lymphatisme à sa plus haute expression, ainsi

« que la diathèse scrofuleuse, trouvent des res
-sources efficaces à Salins près Moûtiers (Lefort,
rapporteur, 1874).

« Succédanées des eaux de mer que tout le
monde ne peut pas supporter et sur lesquelles
elles ont l'avantage de la thermalité, les eaux
de Salins en Savoie, ayant une minéralisation
plus riche et plus variée que celles de Balaruc,
de Bourbonne, de la Bourboule, doivent désormais remplacer les eaux minérales similaires
d'outre-Rhin, telles que Nauheim et Creuznach. » (Empis, rapporteur, 1875).

Moûtiers. — Imp. Ducloz